Der Campbell-Zwerghamster

Phodopus campbelli

Stefan Kräh

Bildnachweis:
Titelbild: Bild Seite 1: Campbell-Zwerghamster können klettern
Fotos: Alle Fotos vom Autor

ISBN: 978-3-86659-244-5

An der Kleimannbrücke 39/41
48157 Münster
www.ms-verlag.de
Geschäftsführung: Matthias Schmidt
Lektorat: Mike Zawadzki & Axel Kwet
Layout: Ludger Hogeback - hohe birken
Druck: Alföldi, Debrecen

Inhalt

Körperpflege macht einen großen Teil der Aktivitätszeit aus

Vorwort

„Ich hatte als Kind auch mal einen Hamster" – diesen Satz hört man als Zwerghamsterbesitzer sehr häufig, wenn der Blick eines Gastes auf das Terrarium im Wohnzimmer fällt. Beginnt ein Gespräch so, ist sein Ausgang oft absehbar: Es folgen Geschichten über den geliebten Hausgenossen und dessen viel zu frühes Ableben. Teilweise ist aber auch das vollkommene Unverständnis darüber, dass man als Erwachsener noch Hamster hält, deutlich herauszuhören. Ein Hamsterkäfig mit quietschendem Laufrad im Kinderzimmer ist Teil unserer kollektiven Kindheitserinnerungen. Und dazu gehört auch, dass es in den meisten Fällen bei einer kurzen Episode bleibt.

Aus den romantischen Erzählungen von Zwerghamstern, die in der Modelleisenbahn gefahren sind, dem gewissenhaften samstäglichen Saubermachen des Käfigs und dem Spaß, den Kind und Tier mittags im Garten hatten, erschließt sich sehr schnell: Die Freude lag mehr beim Kind. Und sie war kurz, da der Hamster selten alt wurde. Das Image des Kindertiers haben Zwerghamster zu Unrecht. Die jahrelange Erfahrung vieler Zwerghamsterhalter/innen zeigt, dass die Tiere anspruchsvoll sind und sich wohl eher für Erwachsene als für Kinder eignen. Wie immer mehr andere Menschen bin auch ich erst als Erwachsener auf den Hamster – genauer gesagt auf den Campbell-Zwerghamster – gekommen. Dieses Buch richtet sich sowohl an Neulinge als auch an langjährige Profis und soll mit einigen Vorurteilen über den Campbell-Zwerghamster als anspruchslosen Eigenbrötler aufräumen sowie einen Einblick in die Haltung, Ernährung und Zucht dieser interessanten und überaus sympathischen Tierart bieten.

Stefan Kräh, Darmstadt 2014

Einige Anmerkungen zur Biologie

Campbell-Zwerghamster sind neugierige Hausgenossen

Der Campbell-Zwerghamster (*Phodopus campbelli* THOMAS, 1905) ist ein kleines Nagetier aus den Trockengebieten rund um das Altai-Gebirge, dem geografischen Mittelpunkt Asiens. Er erreicht eine Kopf-Rumpf-Länge von bis zu 110 mm, der Schwanz ist 4–14 mm lang, und die Hinterpfoten messen 12–18 mm. Während frühere Beschreibungen von wilden Campbell-Zwerghamstern je nach Fanggebiet ein Durchschnittsgewicht von 23,4 g angaben, erreichen die Tiere in der Heimtierhaltung, wohl aufgrund der veränderten Fütterung (VANDERLIP 2009), ein Gewicht von 35–60 g. Der Körperbau ist breit und gedrungen, der kurze, breite Kopf läuft zur Nase hin etwas spitz zu. Die Vorder- und Hinterbeine sind kurz, die Vorderpfoten haben vier Zehen und eine rudimentäre Daumenzehe, die Hinterfüße haben jeweils fünf Zehen. Die Sohlen sind, wie bei allen Arten der Gattung *Phodopus*, dicht behaart. Das Fell der Wildform ist kurz und dicht, oberseits graubraun und an der Körperunterseite schmutzig weiß. An den Seiten finden sich zwischen Vorder- und Hinterbein drei klar gezeichnete helle Bögen, deren Spitzen gelblich gefärbt sind. Beginnend zwischen den Ohren zieht sich entlang der Wirbelsäule fast bis zum Schwanz ein schmaler schwarzer Dorsalstreifen, auch Aalstrich genannt. Die Augen sind schwarz. Mittlerweile sind viele Farb- und Fellmutationen aufgetreten, die zu einer Fülle verschiedener Varianten kombiniert werden können.

Auch Campbell-Zwerghamster haben die für die Unterfamilie der Hamster (Cricetinae) typischen Backentaschen, die sich in gefülltem Zustand bis über die Schulterblätter ausbreiten können. Die Geschlechter unterscheiden sich äußerlich geringfügig in Größe und Körperform. Männchen sind bereits als Jungtiere größer und schwerer als Weibchen, Kopf und Körper sind breiter. Die Bauchdrüse ist bei Männchen stärker ausgeprägt und bei Weibchen kaum sichtbar. Sicheres Unterscheidungsmerkmal ist der sehr kleine Anogenitalabstand beim

Weibchen, während beim Männchen zwischen Penis und After die Hoden liegen. Durchschnittlich werden die Tiere eineinhalb bis zwei Jahre alt, das Höchstalter wird mit zweieinhalb Jahren angegeben.

Die ersten Tiere wurden Ende der 1960er-Jahre zu Forschungszwecken in russischen Instituten gehalten und gezüchtet, später kamen auch Exemplare nach Deutschland, wie etwa 1978 in den Frankfurter Zoo und in den Berliner Tierpark, wo sie heute noch gehalten werden. Derzeit werden von Sokolov et al. (1990) zwei Unterarten, *Phodopus campbelli campbelli* und die westliche Form *Phodopus campbelli crepidatus* unterschieden, jedoch sind die Tiere, die seit Mitte der 1990er-Jahre im Heimtierhandel zu finden sind, keiner der beiden Unterarten mehr zuzuordnen.

Verwandtschaft

Campbell-Zwerghamster gehören innerhalb der Ordnung der Nagetiere (Rodentia) zur Familie der Wühler (Cricetidae). In der Heimtierhaltung sind der Syrische Goldhamster (*Mesocricetus auratus*) sowie noch vier weitere Zwerghamsterarten verbreitet. Während der Chinesische Streifenhamster (*Cricetulus barabensis griseus*) sich schon allein durch sein eher mäuseartiges Aussehen deutlich vom Campbell-Zwerghamster unterscheidet, sind ihm die beiden anderen Arten aus der Gattung der Kurzschwanzhamster (*Phodopus*) in der Gestalt sehr ähnlich. Mit dem

Die Wildform ist oberseits graubraun und unterseits fast weiß

Sozialverhalten wird im Jugendalter erlernt

kleinsten Vertreter, dem wüstenbewohnenden Roborowski-Zwerghamster (*P. roborovskii*) besteht kaum Verwechslungsgefahr, eher schon mit dem weithin bekannten, sehr ähnlich aussehenden Dsungarischen Zwerghamster (*P. sungorus*). Insbesondere bei der Recherche von englischsprachigen Texten finden sich oft die Bezeichnungen „Djungarian Dwarf Hamster" und „Campbells Russian Dwarf Hamster" für *Phodopus campbelli*, und obwohl SAFRONOVA et al. (1992) festgestellt haben, dass der Campbell-Zwerghamster sich im Chromosomensatz vom Dsungarischen Zwerghamster unterscheidet, wird er in der Literatur immer noch relativ häufig als dessen Unterart (*Phodopus sungorus campbelli*) geführt.

Trotz der gravierenden genetischen Unterschiede ist es möglich, Dsungarische Zwerghamster und Campbell-Zwerghamster zu kreuzen und dabei fruchtbaren Nachwuchs zu erhalten. Dies geschah in der Vergangenheit teilweise absichtlich, um zum Beispiel Farbmutationen des Campbell-Zwerghamsters durch Hybridisierung (Vermischung) auch bei Dsungarischen Zwerghamstern zu etablieren. Bis heute kommt es aber auch immer wieder zu versehentlichen Vermischungen beider Spezies, da Halter sich häufig nicht darüber bewusst sind, dass ihre Tiere verschiedenen Arten angehören. Eine Hybridisierung beider Arten ist aus verschiedenen Gründen abzulehnen. Ein Dsungarisches Zwerghamsterweibchen, das von einem Campbell-Zwerghamster ge-

Muttertier mit Jungen

deckt wird, überlebt die Geburt der Jungen oft nicht, da die Schädel der Jungtiere breiter sind als das Becken der Mutter. Ebenso können Tiere mit deformiertem Skelett oder ohne Fell zur Welt kommen. Neben den Risiken für die individuell betroffenen Tiere besteht auch die Gefahr, dass es durch fortwährende Vermischung beider Arten und der Weiterzucht mit den daraus entstandenen Nachkommen irgendwann keine reinen Campbell-Zwerghamster, sondern nur noch Hybriden gibt.

Der Campbell-Zwerghamster unterscheidet sich vom Dsungarischen Zwerghamster in vielen Merkmalen. Er macht keinen jahreszeitlichen Farbwechsel (Saisondimorphismus) durch, hat im Vergleich einen spitzeren Kopf mit länglicheren Ohren und ovaleren Augen als der Dsungarische Zwerghamster, der sich eher durch einen breiteren Kopf mit aufgewölbter Nasenpartie („Ramsnase"), großen runden Augen und kleinen abgerundeten Ohren auszeichnet. Zudem stehen Augen und Ohren beim Campbell-Zwerghamster vergleichsweise enger zusammen. Gerade bei wildfarbigen Exemplaren sind die Unterschiede am deutlichsten zu erkennen. Campbell-Zwerghamster sind oberseits eher bräunlich, haben einen sehr schmal gezeichneten Streifen entlang der Wirbelsäule, und die drei charakteristischen Bögen an Schulter, Flanke und Hüfte sind leicht gelb gefärbt. Demgegenüber hat der Dsungarische Zwerghamster eher gräuliches Fell mit breitem Aalstrich entlang der Wirbelsäule. Die Bögen an den Seiten sind weiß.

Unterscheidungsmerkmale von Campbell-Zwerghamster und Dsungarischem Zwerghamster

Campbell Zwerghamster:	Dsungarischer Zwerghamster:
• Körperform von oben betrachtet eher achtförmig	• Körperform von oben betrachtet eher oval
• von vorn betrachtet dreieckiger Kopf	• von vorn betrachtet eher quadratischer Kopf
• ovale, eng zusammenstehende Augen	• runde, weiter auseinanderstehende Augen
• längliche spitzere Ohren	• kleine, runde Ohren
• etwa 1 cm langer Schwanz	• kürzerer, tief angesetzter Schwanz
• 1 mm schmaler Aalstrich	• sehr breiter Aalstrich, besonders ausgeprägt zwischen den Ohren
• Wildfarbe eher bräunlich	• Wildfarbe eher gräulich
• gelbliche Färbung entlang der Flankenbögen	• weiße Flankenbögen
• keine Umfärbung im Winter	• Fellaufhellung im Winter

Weist ein Zwerghamster Merkmale beider Arten auf, handelt es sich sehr wahrscheinlich um einen Hybriden.

Verbreitung und Lebensweise

Das Verbreitungsgebiet des Campbell-Zwerghamsters ist sehr groß und erstreckt sich über die Mongolei, Nordost-China, Daurien, Tuwa und das Altai-Gebiet im südlichen Sibirien. Hier bewohnt die Art Steppen und Halbwüsten, aber auch Wüsten und Kulturlandschaft. Die Nähe des Menschen wird nicht gemieden, und im Winter suchen einige Exemplare sogar die Jurten der zentralasiatischen Nomaden auf (Flint 1966).

Die Populationsdichte in den einzelnen Verbreitungsgebieten ist niedrig und stabil, sodass der Campbell-Zwerghamster von der Internationalen Artenschutzorganisation IUCN als „nicht gefährdet" eingestuft wird.

Campbell-Zwerghamster sind das ganze Jahr über vorwiegend dämmerungs- und nachtaktiv und verbringen den Tag in einem Bau, welcher

Älteres Männchen

aus vier bis sechs horizontalen und vertikalen Röhren besteht. Ein Tunnel führt zur Nestkammer, die meist 25–30 cm (in manchen Fällen bis zu 1 m) unter der Erdoberfläche liegt und mit trockenem Gras oder Schafwolle ausgepolstert ist. Andere Gänge enden in Futterdepots. Auch wenn Campbell-Zwerghamster in der Lage sind, diese Baue selbst zu graben, werden sie oft als Nach- und Nebennutzer in Höhlen anderer Tierarten beobachtet. In der nördlichen Mandschurei teilen sich Daurische Pfeifhasen (*Ochotona dauurica*) ihre Baue mit Zwerghamstern. In Teilen der Mongolei bevorzugen Campbell-Zwerghamster sogar die Baue von *Meriones*-Rennmäusen gegenüber selbst gegrabenen Höhlen. Auch in Tuwa wurde die gemeinsame Nutzung von Bauen mit Chinesischen Streifenhamstern (*Cricetulus barabensis*), Roborowski-Zwerghamstern (*Phodopus roborovskii*) und Langschwanz-Zwerghamstern (*Cricetulus longicaudatus*) festgestellt.

Im Freiland besteht die Aktivität außerhalb des Baus zum größten Teil aus Umherlaufen, aber auch Fressen und Putzen (Wynne-Edwards et al. 1992). Als territoriale Tiere sichern und markieren Campbell-Zwerghamster mit Urin, Kot, aber auch Tränenflüssigkeit und Duftsekreten aus Hautdrüsen hinter den Ohren und am Bauch regelmäßig ihr Revier, welches etwa 3,5 ha groß sein kann. Gefundenes Futter wird entweder sofort verzehrt oder in den Backentaschen zum Bau gebracht.

Die Fortpflanzungszeit ist aufgrund des großen Verbreitungsgebiets sehr unterschiedlich und wird meist mit April bis Oktober angegeben (Ross 1995). Innerhalb dieser Zeit kann ein Weibchen drei bis vier Würfe mit vier bis acht Jungen bekommen, die Tragzeit soll 18–22 Tage betragen (Ross 1995). Wie alle kleinen Nagetiere sind auch Campbell-Zwerghamster mit einer Reihe von Fressfeinden konfrontiert. Sie sind wichtige Beutetiere für Uhu (*Bubo bubo*), Steppenadler (*Aquila nipalensis*), Turmfalke (*Falco tinnunculus*), Sakerfalke (*Falco cherrug*) und Hochlandbussard (*Buteo hemilasius*), aber auch für den Steppenfuchs oder Korsak (*Vulpes corsac*).

Ernsthafte Kämpfe erfordern ein Eingreifen des Menschen

Futter wird entweder sofort verzehrt oder in die Backentaschen gestopft

Erwerb

Bevor der Kauf von Campbell-Zwerghamstern in Erwägung gezogen werden kann, sollte man sich grundlegend Gedanken darüber machen, ob diese eher nachtaktiven Beobachtungstiere die richtigen Mitbewohner sind und ob man Zeit und Lust hat, die Tiere ihr Leben lang täglich zu betreuen. Hierbei sollten auch Tierarztkosten und die Einschränkungen bei der Urlaubsplanung bedacht werden. Wichtig ist außerdem, alle Haushaltsmitglieder in die Entscheidung mit einzubeziehen und mögliche Allergien ausschließen zu können. Hat man sich nach reiflicher Überlegung für die Campbell-Zwerghamster entschlossen und ausreichend informiert, steht der Anschaffung der neuen Hausgenossen nichts mehr im Weg.

Gesetzliche Bestimmungen

Da Campbell-Zwerghamster seit Jahrzehnten in Europa gezüchtet und im Zoohandel angeboten werden und es sich nicht um eine gefährdete Tierart handelt, unterliegen sie keinen Artenschutzbestimmungen. Auch für selten angebotene Wildfänge sind keine Genehmigungen oder Papiere nötig. Dennoch sei auf § 2 des Deutschen Tierschutzgesetzes (TierSchG) verwiesen, in dem es unter anderem heißt, dass ein Tier seiner Art und seinen Bedürfnissen entsprechend angemessen ernährt, gepflegt und verhaltensgerecht untergebracht werden muss. Die Haltung von Kleintieren in Mietwohnungen kann grundsätzlich nicht ver-

„Beige“ ist nur einer von vielen Farbschlägen

boten werden, sofern es sich um eine geringe Anzahl von Tieren handelt und von ihnen weder Störungen noch Schäden für Nachbarschaft und das Mietobjekt ausgehen. Ist man sich unsicher, empfiehlt es sich, Nachbarn und Vermieter vor der Anschaffung von Campbell-Zwerghamstern zu informieren.

Wo kaufe ich meine Campbell-Zwerghamster?

Im Gegensatz zum geläufigeren Dsungarischen Zwerghamster werden Campbell-Zwerghamster in Zoogeschäften relativ selten angeboten. Oft handelt es sich bei als „Campbell-Zwerghamster“ oder „Campbelli-Hamster“ deklarierten Tieren sogar um Dsungarische Zwerghamster oder Hybriden. Umgekehrt kann es auch sein, dass Campbell-Zwerghamster als besondere Farbform des Dsungarischen Zwerghamsters angeboten werden. Ein weiteres Problem bei Tieren aus dem Zoogeschäft ist die meist unbekannte Herkunft. Die Frage, ob Tiere aus einer verträglichen Linie stammen und dauerhaft in gleichgeschlechtlichen Gruppen gehalten werden können, kann das Personal in einem Zoofachgeschäft oft nicht beantworten.

Dementgegen können seriöse Züchter über die Herkunft und das Sozialverhalten ihrer Tiere umfassend Auskunft geben. Sie kennen ihre Abgabetiere und meist auch deren Ahnen von Geburt an, sind in der Lage, passende Paare oder Gruppen zusammenzustellen und achten bei der Zucht sowohl auf Gesundheit und Verhalten als auch auf die

Wo kaufe ich meine Campbell-Zwerghamster?

Der Praxistipp
Woran erkenne ich eine gute Zucht?
Es kann bei der Suche nach Campbell-Zwerghamstern wie bei allen anderen Tieren auch vorkommen, dass man an unseriöse Zuchten gerät. Um den Erwerb trächtiger, verhaltensgestörter oder kranker Tiere zu vermeiden, geben fünf einfache Punkte Aufschluss darüber, ob eine Zucht als empfehlenswert einzustufen ist oder nicht.

1. Wird ein Zuchtbuch geführt?
2. Werden nur offensichtlich gesunde Tiere abgegeben?
3. Sind Zuchtkäfige und Umgebung hell, gut belüftet, sauber und ordentlich?
4. Hat der Züchter ein umfassendes Wissen über die Tierart?
5. Nimmt sich der Züchter Zeit für Fragen?

Können alle Punkte bejaht werden, stehen die Chancen gut, gesunde und freundliche Hamster aus einer ernsthaften Zucht zu erhalten. Grundsätzlich ist es aber ratsam, auf sein Gefühl zu vertrauen und bei Zweifeln lieber ein wenig weiter zu suchen, als später enttäuscht zu werden.

Artreinheit. Mittlerweile steigt die Zahl der Züchter von Campbell-Zwerghamstern immer weiter an, und es ist relativ einfach, über Kleinanzeigen in spezialisierten Zeitschriften (siehe Kapitel „Weiterführende Informationen“) oder Internetforen Abgabetiere in der Nähe des eigenen Wohnortes zu finden.

Zudem gibt es seit einigen Jahren neben örtlichen Tierheimen auch überregional agierende Tierschutzvereinigungen, die sich ganz auf die Aufnahme, Betreuung und Vermittlung von Hamstern spezialisiert haben. Diese „Hamsterhilfen“ veröffentlichen auf ihren Webseiten ständig auch Campbell-Zwerghamster, die gegen eine Schutzgebühr in ein gutes Zuhause abgegeben werden. Insgesamt sollte mit einem Kaufpreis von 5–20 Euro gerechnet werden.

Sozialverträgliche Tiere leben sehr harmonisch zusammen

Gesunde Zwerghamster haben ein glattes Fell und klare Augen

Transport und Quarantäne

Hat man sich für einen oder mehrere Campbell-Zwerghamster entschieden, stellt sich die Frage nach dem Transport nach Hause. Der Zoofachhandel bietet für solche Zwecke eine große Bandbreite an Kunststoffboxen. Diese lassen sich leicht reinigen und können auch später für Tierarztbesuche oder zum kurzfristigen Aufenthalt während der Käfigreinigung verwendet werden. Bei der Wahl der passenden Transportkiste ist darauf zu achten, dass ausreichend Lüftungsflächen vorhanden sind, Zugluft jedoch vermieden wird. Tiere dürfen während des Transports weder überhitzen noch auskühlen, weshalb darauf zu achten ist, dass die Transportbox keinen Extremtemperaturen oder direkter Sonneneinstrahlung ausgesetzt ist. Für die Fahrt nach Hause oder zum Tierarzt reicht es aus, die Kiste mit etwas Einstreu und einigen Streifen Haushaltspapier zu füllen. Campbell-Zwerghamster, die sich bereits kennen und künftig zusammenleben sollen, dürfen gerne ge-

Die Rangfolge wird hin und wieder neu verhandelt

meinsam reisen. Je nachdem, wie lange sie in der Transportbox verweilen, empfiehlt es sich, etwas Futter und saftiges Gemüse (für die Flüssigkeitsversorgung) anzubieten.

Insbesondere wenn bereits Campbell-Zwerghamster oder auch andere Kleinsäuger gehalten werden, empfiehlt es sich, die Zwerghamster direkt nach der Ankunft zu Hause eine Quarantänephase durchlaufen zu lassen. Diese hilft, den Gesundheitszustand der Neuankömmlinge zu überprüfen und ermöglicht dem Organismus, sich langsam an die neue Keimumgebung zu gewöhnen. Die Quarantäne lässt sich in einem sauberen, mit wenig Einrichtung ausgestatteten Käfig durchführen, in dem die Tiere für etwa vier Wochen verbleiben. Dieser darf auch etwas kleiner sein; für zwei Zwerghamster reicht eine Fläche von etwa 50 x 30 cm aus. Nötigenfalls kann eine Kotprobe aufgesammelt und zur Analyse auf Krankheiten und Parasiten an einen Tierarzt gegeben werden. Zeigen die neuen Campbell-Zwerghamster keine Krankheitsanzeichen, können sie anschließend in ihr endgültiges Heim überführt werden.

Haltung

Campbell-Zwerghamster sind regsame Tiere, die in ihrer Aktivitätszeit sehr viel Beschäftigung brauchen. Zu den natürlichen Verhaltensweisen der Tiere gehören neben dem Absichern des Reviers und der Nahrungssuche alle Facetten des Sozialverhaltens. Dies bedeutet, dass Zwerghamster sich bei eintöniger Haltung schnell langweilen und in der Heimtierhaltung genug Anreize zur Beschäftigung haben sollten. Die wilden Verwandten verbringen viel Zeit mit der Futtersuche und dem Ausbau der Wohnhöhlen. Dies geschieht einzeln oder gemeinsam. Die Tiere legen in der Natur große Strecken zurück und wollen dies auch in der Heimtierhaltung tun. Die gegenseitige Fellpflege, das Austragen von Rangordnungskämpfen und nicht zuletzt die Paarung, Trächtigkeit und Jungenaufzucht nehmen einen großen Teil des Hamsterlebens ein und vervollständigen das Spektrum der natürlichen Verhaltensweisen.

Gesunde Zwerghamster haben ein glattes Fell und klare Augen

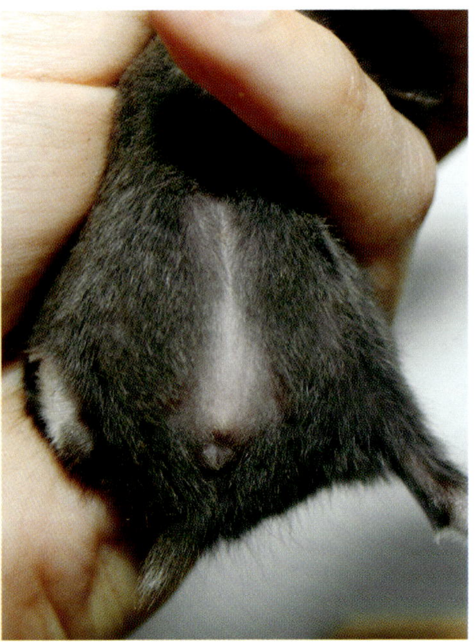

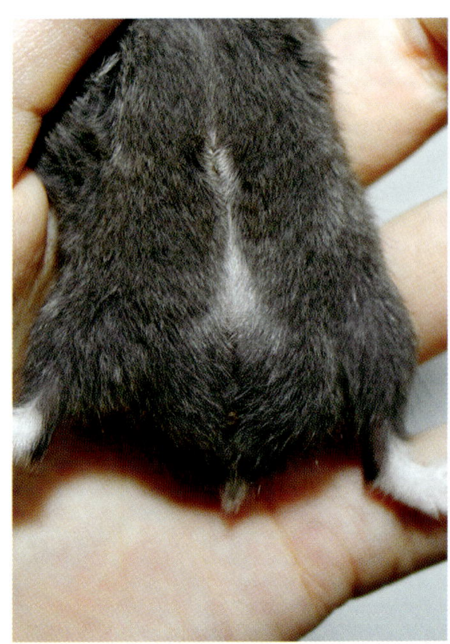

Erwachsenes Weibchen (links) und erwachsenes Männchen (rechts)

Unterbringung

Für die dauerhafte Unterkunft von Campbell-Zwerghamstern bieten sich unterschiedliche Möglichkeiten. Der Zoofachhandel hält diverse größere und kleine Käfige aus Plastik, Metall oder Holz bereit. Ebenso finden sich im Handel auch Aquarien und (Nager-)Terrarien. Eine günstige Alternative für handwerklich Begabte kann ein selbst gebauter Käfig sein. Die verschiedenen Bauarten und Materialien haben allesamt ihre Vor- und Nachteile. Grundsätzlich muss das Zwerghamsterheim ausbruchsicher sein und sowohl den Tieren als auch dem Pfleger größtmöglichen Komfort bieten. Bei Drahtkäfigen ist darauf zu achten, dass der Abstand zwischen den Gitterstäben nicht größer als 0,8 cm ist und die Bewohner vor Zugluft geschützt sind. Bei Glasbecken dagegen sollte das Augenmerk auf ausreichender Belüftung (z. B. durch große Lüftungsflächen) liegen. Holz- und Plastikelemente sollten aus unbedenklichen Materialien bestehen und zudem nagesicher sein. Auch die leichte Handhabung bei der täglichen Pflege und die Möglichkeit zur gründlichen Reinigung und Desinfektion sind zu bedenken.

Eine nicht zu unterschätzende Rolle spielt für die aktiven Campbell-Zwerghamster die nutzbare Fläche ihres Heims. Für ein bis drei Tiere empfiehlt sich eine Mindestfläche von 80 x 40 cm, größere Gruppen benötigen entsprechend mehr Platz. Auch bei Campbell-Zwerghamstern gilt: je größer, desto besser. Eine Käfighöhe von 40 cm ist bei den kaum kletternden Hamstern absolut ausreichend und ermöglicht zudem die Vergrößerung der Wohnfläche durch Einbringung einer weiteren Etage. Zusätzliche Terrarienbeleuchtung oder Heizung sind nicht nötig, jedoch bietet eine leichte Nachtbeleuchtung mit blauen oder grünen Leuchtdioden eine gute Möglichkeit, die Tiere zu beobachten, ohne sie zu stören.

Der Praxistipp
Einige Käfigelemente aus Plastik oder harzendem Holz können schädlich für Zwerghamster sein. Unbedenklich sind dagegen die Kunststoffe Polypropylen (PP) und Polyethylen (PE) sowie Pappel- und Birkenholz.

Der Standort des Zwerghamsterheims sollte so gewählt sein, dass weder Mensch noch Tier beeinträchtigt werden. Am besten eignet sich ein ruhiger Platz in der Wohnung ohne Zugluft oder direkte Sonneneinstrahlung. Eine für den Menschen angenehme Zimmertemperatur ist auch für Campbell-Zwerghamster das ganze Jahr über günstig. Die Tiere stören sich weniger an kühleren als an zu hohen Temperaturen. Neben Zigarettenrauch und Lärm sind auch Bodenvibrationen zu vermeidende Störfaktoren. Andere Haustiere sollten den Käfig nicht erreichen können. Campbell-Zwerghamster reagieren beispielsweise auf den Geruch von Frettchen- oder Katzenurin nachweislich mit Stresserscheinungen. Da Zwerghamster vor allem nachtaktiv sind und hin und wieder Geräusche von sich geben, ist die Unterbringung in Schlafzimmern nur ratsam, wenn man sich dadurch nicht gestört fühlt.

Eine der ersten Mutationen war die Farbvariante „Black“

Einrichtung

Die tiergerechte Einrichtung des Zwerghamsterheims beginnt mit dem Bodengrund. Dieser sollte trocken und saugfähig sein. Hier kann auf die handelsüblichen Holzspäne ebenso zurückgegriffen werden wie auf Lein- oder Hanffaserstreu. Auch die mittlerweile häufiger angebotene Baumwollstreu kann verwendet werden. Größtmögliche Abwechslung bietet die gleichzeitige Verwendung verschiedener Streusorten, welche gemischt mit Heu auch das Graben einsturzsicherer Gänge und Höhlen ermöglichen. Auch eine zusätzliche Überstreu aus Rindenstücken oder getrockneten Blättern ist denkbar und mittlerweile in der Terraristikabteilung vieler Zoohandlungen zu finden.

Es gibt unterschiedliche Ansichten, wie hoch das Substrat eingestreut werden sollte. Da Campbell-Zwerghamster als Wühler zwar gerne graben, dies jedoch selbst in freier Wildbahn nicht so ausgiebig tun wie verwandte Zwerghamsterarten, ist eine Streuhöhe von 5–10 cm ausreichend. Eine naturnahe Gestaltung des Bodengrunds mit einer Mischung aus nicht gedüngter Erde und Sand ist ebenfalls möglich, jedoch wird die nötige Hygiene nur durch erhöhten Pflegeaufwand gewährleistet. Sand eignet sich nicht als alleiniger Bodengrund; da Campbell-Zwerghamster sich zur Pflege ihres Fells aber mehrmals täglich im Staub wälzen, sollte immer eine Schale oder flache Wanne mit feinem Chinchillasand zur Verfügung stehen.

Die weitere Strukturierung des Lebensraums besteht in erster Linie aus Versteck- und Klettermöglichkeiten. Auch hier kann auf den

Kleine Nagetiere sind stets wachsam

Zoofachhandel zurückgegriffen werden, der Häuser, Höhlen, Röhren und andere Spielzeuge aus verschiedenen Materialien anbietet. Gerade bei Plastik und Holz gibt es gesundheitsschädliche und unbedenkliche Sorten, weshalb hier genaues Informieren und Nachfragen ratsam sind. Da Campbell-Zwerghamster zwar oft gemeinsame Nester bewohnen, jedoch hin und wieder auch getrennt schlafen oder die Wohnhöhle wechseln, empfiehlt es sich, mehr Schlafhöhlen anzubieten als Tiere vorhanden sind. Genauso wie einige andere wühlende Nagetierarten bevorzugen auch Campbell-Zwerghamster eine Schlafhöhle, in der alle Individuen einer Gruppe Platz finden, die aber nicht allzu groß und durch eine etwa 15 cm lange Tunnelröhre erreichbar ist. Nistmaterial in Form von Heu, Haushaltspapier oder getrocknetem Laub muss immer verfügbar sein.

Der Praxistipp
Das richtige Laufrad
- Durchmesser von 20–25 cm
- unbedenkliches Material
- geschlossene Lauffläche
- leichte Reinigung
- Aufhängung an einer komplett geschlossenen Seite, sodass kein Schereneffekt (z. B. zwischen Standfuß und Querstreben) entsteht
- leichtläufig
- muss stehenbleiben, wenn der Hamster aufhört zu laufen

Die Krallen der Zwerghamster wachsen besonders schnell, da sie sich naturgemäß beim Laufen und Graben in der Steppe ständig abnutzen. Um den Tieren stressiges Krallenschneiden zu ersparen, sollten immer naturbelassenes Holz und Steine im Terrarium vorhanden sein. Hier eignen sich Äste (Apfel, Birne, Hasel, Weide), Wurzeln und Korkrinden aus dem Terraristikbedarf oder große Steine. Steine können mit heißem Wasser abgespült, aus der Natur entnommene Äste bei 200 °C für 15 Minuten im Backofen erhitzt werden. Zudem kann ein Gefäß mit Maisspindelgranulat aufgestellt werden. Während die Tiere darin wühlen, nutzen sich die Krallen an der rauen Oberfläche des Granulats ab.

Große und schwere Einrichtungsgegenstände sollten immer einen sicheren Stand haben, damit kein Tier verletzt wird. Papprollen von Toiletten- oder Küchenpapier und kleine Kartonverpackungen sind sehr kostengünstig, in jedem Haushalt verfügbar und werden als Tunnel und Verstecke gut angenommen.

Das Terrarium sollte so strukturiert sein, dass die Tiere sich nötigenfalls gut aus dem Weg gehen können. Wichtig für das Sicherheitsempfinden und die körperliche Fitness der Tiere ist eine unübersichtliche, deckungsreiche Gestaltung mit vielen Barrieren, über die gesprungen und geklettert werden muss. Eine freie Fläche wird gerne als Rennstrecke genutzt. Sackgassen und spitze Winkel sind bei Gruppenhaltung zu vermeiden, damit kein Tier in die Enge gedrängt werden kann.

Campbell-Zwerghamster interessieren sich schon als Jungtiere für Frischfutter

Unabdingbar für das Wohlbefinden der Tiere ist das zwischenzeitlich etwas in Verruf geratene Laufrad. Auch wenn die Tiere einen großen Käfig mit viel Lauffläche zur Verfügung haben, so sollte dennoch immer ein ausreichend großes, sicher konstruiertes Laufrad zur Verfügung stehen. Ideal sind leicht zu reinigende Modelle aus unschädlichem Kunststoff. Da es immer wieder Verletzungen durch schlecht konstruierte Hamsterräder gibt, muss man beim Kauf größte Sorgfalt walten lassen: Die Tiere könnten zwischen den Sprossen der Lauffläche hängenbleiben und sich die Gliedmaßen amputieren oder durch sich immer weiterdrehende Räder geschleudert werden. Bei manchen Hamsterrädern gibt es, bedingt durch die Bauweise, einen Schereneffekt zwischen Standfuß und Radspeiche, der ein Tier einklemmen und lebensbedrohlich verletzen kann.

Vergesellschaftung

Entgegen der landläufigen Meinung, dass sämtliche Hamsterarten streng einzelgängerisch leben, ist die Haltung von Campbell-Zwerghamstern in Paaren und Gruppen möglich. Untersuchungen belegen, dass Zwerghamster sehr wohl über ein ausgeprägtes Sozialverhalten verfügen, welches sie in Einzelhaltung nicht zeigen können. Soziale Kontakte sind auch für die Gesundheit der Tiere unersetzlich: Sie lösen die Ausschüttung von Hormonen aus, die den Tieren helfen, mit Stress umzugehen (DETILLION 2004).

So sollte Paar- oder Kleingruppenhaltung auch primäres Ziel von Züchtern und Haltern sein. Grundsätzlich sollte die gemeinschaftliche Haltung von zwei oder mehreren Campbell-Zwerghamstern dann angestrebt werden, wenn sichergestellt ist, dass alle Tiere friedlichen Charakters sind. Hierzu gehören Jungtiere von Züchtern, die auf ein soziales Wesen hinarbeiten und bereits im Vorfeld passende Konstellationen von zwei bis vier gleichgeschlechtlichen Wurfgeschwistern zusammenstellen. Die Tiere bilden eine einfache Rangfolge und bewohnen ein gemeinsames Nest.

Eine weitere Möglichkeit ist, eine bereits funktionierende Gruppe ausgewachsener Tiere zu übernehmen. Einige Halter haben zudem die Erfahrung gemacht, dass kastrierte Männchen sehr gut mit jüngeren Weibchen zu vergesellschaften sind.

Natürlich ist es auch möglich, fremde Tiere zu vergesellschaften; hier ist aber noch mehr darauf zu achten, dass ausschließlich wesensfeste Tiere, die weder aggressiv noch ängstlich gegenüber Artgenossen sind, zusammengebracht werden. Hamstern, die ihr halbes Leben alleine verbracht haben, bereitet es häufig Schwierigkeiten, sich an die Anwesenheit neuer Mitbewohner zu gewöhnen, sie reagieren zuweilen panisch oder aggressiv. Fremde Tiere müssen behutsam auf neutralem Territorium aneinander gewöhnt werden. Der Prozess der Vergesell-

Fremde Partner tasten sich vorsichtig aneinander heran

Das Laufrad wird oft zu zweit benutzt

schaftung kann sich über Tage hinziehen und muss ständig überwacht werden. Nach einigen Stunden oder vielleicht auch erst zwei Wochen kennen sich die Tiere, wissen sich einzuschätzen und können in ein gemeinsames Heim überführt werden.

Es ist nicht nötig, bei der Haltung mehrerer Tiere sämtliche Einrichtungsgegenstände vom Laufrad bis zur Trinkflasche in mehrfacher Ausführung anzubieten. Manchmal lohnt sich jedoch die Anschaffung eines zweiten Laufrads, da Campbell-Zwerghamster dieses gern gemeinsam und gleichzeitig nutzen und es nicht selten zum kompletten Stillstand des Rads kommt, wenn die Tiere in verschiedene Richtungen laufen wollen.

Muss ein Zwerghamster kurzzeitig aus der Gruppe herausgenommen werden, besteht nicht selten die Befürchtung, dass das Tier bei seiner Rückkehr verstoßen wird, weil die restlichen Mitglieder es nicht mehr erkennen. Im Normalfall kann ein Campbell-Zwerghamster jedoch – selbst wenn er mehrere Tage von seinen Artgenossen getrennt war und womöglich fremde Gerüche an ihm haften – problemlos wieder eingegliedert werden. Für Tierarztbesuche hat es sich bewährt, nicht nur den Patienten, sondern auch einen oder mehrere Käfiggenossen mitzunehmen. Die Gruppe ist in ungewohnten Situationen zusammen viel ruhiger, als es das Einzeltier jemals wäre.

Sicherlich kann eine Gruppenhaltung auch scheitern. Um das Wohl der Tiere zu sichern, müssen streitende Zwerghamster getrennt werden. Oftmals werden verschiedene Verhaltensweisen aber falsch gedeutet und Zwerghamster voreilig getrennt. Umgekehrt kann es auch vorkommen, dass Tiere zu spät getrennt werden und eventuell schon Verletzungen davongetragen haben.

Wie auch bei anderen Wühlern findet das Sozialverhalten der Campbell-Zwerghamster vornehmlich im Verborgenen statt, während außerhalb des Baus auf der Futtersuche und bei der Revierabsicherung jeder auf sich gestellt ist. Der Halter bekommt kaum etwas von gegenseitiger Fellpflege in der Schlafhöhle mit und sieht die Tiere draußen größtenteils vereinzelt.

Zwerghamster, die zur Vermeidung von Konflikten stets getrennt schlafen, müssen nicht sofort voneinander getrennt werden. Das getrennte Schlafen kann nach wenigen Wochen wieder zugunsten eines gemeinsamen Nests aufgegeben werden, und selbst die Anwesenheit eines unsympathischen Artgenossen ist für den einzelnen Campbell-Zwerghamster oftmals besser als vollkommene Isolation. Wie bei anderen sozialen Tiergemeinschaften auch kommt es in Zwerghamstergruppen zuweilen zu Differenzen, die lautstark ausgetragen werden. Dies kommt insbesondere in Gruppen vor, die aus Zwerghamsterweibchen bestehen, hört sich aber meistens schlimmer an, als es wirklich ist.

Unabdingbar ist die genaue Beobachtung und stete Wachsamkeit gegenüber dem Verhalten der Tiere. Oft hört man von Zwerghamstern, die urplötzlich den Artgenossen töten, mit dem sie zuvor lange Zeit friedlich zusammengelebt haben. Dieses unerklärlich scheinende Verhalten bahnt sich jedoch schon lange vorher an, weshalb Halter stets sensibel sein und bei imponierenden Männchen oder sich anschreienden Weibchen besondere Vorsicht walten lassen sollten. Wird ein Tier massiv vom Fressen abgehalten, muss sichergestellt werden, dass dieses ausreichend Futter bekommt und die Gruppe genauestens beobachtet wird. Ständiges Unterwerfen eines Gruppenmitglieds durch einen oder mehrere dominante Artgenossen ist ebenfalls Grund zum näheren Hinsehen. Sobald ein Tier das andere unentwegt angreift und es zu dauerhaften Verfolgungsjagden kommt, die über Rangkämpfe hinausgehen, besteht Grund zur erhöhten Wachsamkeit. Nasse Stellen im Fell des unterlegenen Tiers kurz nach einer Auseinandersetzung deuten darauf hin, dass der Aggressor zwar in den Pelz gebissen hat, jedoch nicht in die Haut. Solche Gefechte sind ernst zu nehmen und bedürfen gesteigerter Aufmerksamkeit.

Aquarien bieten die Möglichkeit, Campbell-Zwerghamster gut zu beobachten

Erfahrungsgemäß gib es Anzeichen, welche auf ein Zusammenbrechen der Gruppe und eine Gefährdung der körperlichen und psychischen Gesundheit einzelner Tiere hinweisen. Liegt ein Zwerghamster unter ständigen Angriffen eines Artgenossen wehrlos auf dem Rücken und stößt ein hartes „Trillern“ aus, müssen bei aufmerksamen Hamsterhaltern die Alarmglocken schrillen. Ein weiterer akustischer Hinweis für ernstzunehmende Konflikte ist ein von dominanten Tieren zu vernehmendes, klapperndes und schleifendes Zähneknirschen, während sie einen Artgenossen verfolgen. Solche Situationen sind Vorboten ernsthafter Beißattacken.

Selbstgezogene Pflanzen im Topf sind ein besonderes Erlebnis

Ist es nicht möglich, aggressives Verhalten zu beobachten, lässt sich der Zustand der Gruppe auch an der körperlichen Verfassung der einzelnen Tiere ablesen. In schlecht funktionierenden Gruppen sind bei rangniederen Tieren zerrupftes Fell und natürlich auch Bisswunden vornehmlich im Bereich des Hinterteils besonders auffällig. Da unterworfene Tiere, während sie auf dem Rücken liegen, durch Strampeln mit den Hinterbeinen und Schlagen mit den Vorderpfoten versuchen, sich zu wehren, ist besonders die Nase des Angreifers durch Schürfwunden gekennzeichnet. In all den genannten Fällen ist eine Trennung der Tiere angezeigt. Allerdings ist es wenig erstrebenswert, den Übeltäter mit Einzelhaft zu bestrafen oder das angegriffene Tier aus Angst vor Attacken auch von vorher friedlichen Artgenossen zu isolieren. Das unterlegene Tier erholt sich im Kreise ihm bekannter und wohlgesinnter Gruppenmitglieder erwiesenermaßen deutlich schneller. Hält man also mehrere Tiere, kann in zwei Gruppen aufgeteilt werden, sodass kein Tier allein bleibt. Werden nur zwei oder drei Campbell-Zwerhamster gehalten, sodass die Isolierung eines Tieres unumgänglich ist, muss bei der Entscheidung, welcher Hamster bei der Gruppe bleiben darf, auf die Sympathien im Sozialverband geachtet werden. Manchmal ist es besser, den Aggressor aus der Gruppe zu entfernen, da er sich

Manche Wurfgeschwister sind unzertrennlich

eventuell eine neue Zielscheibe sucht; in anderen Fällen ist es nicht sinnvoll, das Opfer der Angriffe in der Gruppe zu belassen, da es ohnehin keinen guten Stand bei den anderen Tieren hat.

Hat man nun einen oder mehrere Campbell-Zwerghamster vereinzelt, stellt sich zwangsläufig die Frage, ob man eine Neuvergesellschaftung mit anderen Hamstern starten sollte. Grundsätzlich stehen die Chancen einer erfolgreichen Zusammenführung mit neuen Artgenossen sehr gut, man muss sich jedoch bewusst sein, dass ein Scheitern dazu führen kann, dass man anschließend mehrere Tiere einzeln hält. Stellt sich ein Campbell-Zwerghamster als absolut unverträglich heraus, ist es kein Verbrechen, ihn künftig allein zu halten.

Nichtsdestotrotz verläuft Paar- und Gruppenhaltung bei Individuen aus sozialverträglichen Zuchtlinien meist problemlos. Eventuelles Scheitern muss jedoch, wie bei anderen sozialen Nagetieren auch, stets im Hinterkopf bleiben, und es sollten Kapazitäten vorhanden sein, die eine Einzelhaltung aller ehemaligen Gruppenmitglieder gewährleistet.

Pflegearbeiten

Campbell-Zwerghamster sind relativ pflegeleichte Tiere, bedürfen aber dennoch regelmäßiger Aufmerksamkeit. Zu den täglichen Arbeiten gehören das Füttern, das Wechseln des Trinkwassers und das Entfernen der Frischfutterreste vom Vortag. Es ist ausreichend, dies ein Mal täglich durchzuführen, doch können Futterrationen auch über den Tag verteilt gereicht werden. Eine tägliche augenscheinliche Gesundheitskontrolle ist bei kleinen Nagetieren grundsätzlich empfehlenswert. So werden Verletzungen, Krankheiten und sonstige Unregelmäßigkeiten schnell entdeckt und können behandelt werden. Erwartet man einen Wurf oder zieht ein Muttertier gerade Welpen auf, kann auch das Nest täglich vorsichtig kontrolliert werden.

Der Praxistipp
Es empfiehlt sich, den Bodengrund nur teilweise auszutauschen, um die Zwerghamster nicht alle paar Wochen mit einer völlig neuen Geruchsumgebung unter Stress zu setzen. Ebenso können in kürzeren Abständen einzelne Einrichtungsgegenstände gereinigt oder durch neue ersetzt werden, während andere im Terrarium verbleiben. So bleibt die Umgebung der Tiere abwechslungsreich und spannend, ohne ihnen das sichere Gefühl des eigenen Reviers zu nehmen.

Der Badesand wird je nach Bedarf gesiebt, aufgefüllt oder komplett gewechselt. Da manche Campbell-Zwerghamster ihr Laufrad stark markieren, muss dieses teilweise wöchentlich mit heißem Wasser abgespült werden. Sofern eine bestimmte Ecke des Käfigs als Toilette benutzt wird, kann an dieser Stelle auch nach Bedarf alle paar Tage die Einstreu erneuert werden.

Je nach Besatzdichte und Menge des Bodensubstrats fällt eine komplette Reinigung des gesamten Terrariums nur alle drei bis vier Wochen an. Die Einstreu wird dabei ganz oder besser teilweise ausgetauscht, Einrichtungsgegenstände und sämtliche anderen Teile von der Trinkflasche bis zur Terrarienscheibe werden mit heißem Wasser gespült und geputzt.

Laufradlaufen macht zusammen am meisten Spaß

Die Fütterung aus der Hand ist der erste Schritt zum zahmen Zwerghamster

Ernährung

Campbell-Zwerghamster stammen aus kargem Grasland und ernähren sich in erster Linie von Pflanzensamen und Insekten. Da die Tiere genauso wie Degus (*Octodon degus*) oder Fette Sandratten (*Psammomys obesus*) Diabetes ausbilden und vererben können, sollte auf streng zuckerfreie Diät geachtet werden.

Campbell-Zwerghamster interessieren sich schon als Jungtiere für Frischfutter

Die meisten Tierhalter greifen bei der Ernährung ihrer Heimtiere auf fertiges Futter aus der Zoohandlung zurück. Es hat den Vorteil, dass es vergleichsweise einfach in Erwerb und Anwendung ist und man zudem beim Füttern das Gefühl gewinnt, die Tiere würden auf diesem Weg alle Stoffe bekommen, die sie brauchen. Ein großes Problem aller Futtermischungen ist jedoch, dass sie allgemein als „Zwerghamsterfutter" verkauft werden, die Bedürfnisse der verschiedenen Zwerghamsterarten jedoch sehr verschieden sind. Dem Anspruch einer naturnahen Fütterung aus Kleinsämereien und Insekten werden viele Hersteller nicht gerecht, und obwohl es bei Campbell-Zwerghamstern sowie zunehmend auch bei Chinesischen Streifenhamstern eine weitverbreitete Diabetesproblematik gibt und bei den meisten Arten ein großer Bedarf an tierischem Eiweiß besteht, finden sich in einigen Mischungen sehr viele zuckerhaltige Inhaltsstoffe und nur wenige Proteinlieferanten.

Beim Kauf von Fertigmischungen sollte also darauf geachtet werden, dass sie keine Zuckerzusätze wie Zuckerrohrmelasse und Honig oder zuckerhaltige Bestandteile wie Johannisbrot, getrocknete Möhren oder Früchte enthalten.

Oft finden sich in Fertigfutter bunt eingefärbte Extrudate, also kugel- oder pastillenförmig geformte Erzeugnisse aus Getreide, die in einem speziellen Verfahren extrudiert (sozusagen vorverdaut) werden.

Für frisches Gemüse kommen Zwerghamster auch tagsüber aus dem Versteck

Sie bestehen in erster Linie aus Stärke und Fett. Da extrudierte Stärke für Campbell-Zwerghamster ebenso schädlich ist wie Zucker, sollten auch Extrudate gemieden werden. Pellets, die aus gehäckselten Pflanzen bestehen und meist Melasse als Klebstoff enthalten, gehören ebenfalls nicht in das Zwerghamsterfutter.

Trockenfutter und tierisches Eiweiß

Möchte man Campbell-Zwerghamster mit einer Futtermischung aus dem Handel füttern, sollte diese möglichst aus ganzen Pflanzensamen und Getreidekörnern bestehen und keine zuckerhaltigen Bestandteile, dafür aber Eiweiß enthalten. Mittlerweile bieten immer mehr Händler Futtermischungen speziell für Campbell-Zwerghamster an. Aus herkömmlichem Fertigfutter sollten zuckerhaltige Bestandteile (Extrudate, Trockenobst, getrocknete Möhren oder Rote Beete) entfernt werden.

Es ist durchaus ratsam, Trockenfutter selbst zu mischen. Hierzu eignet sich eine Basis aus Großsittich- oder Agapornidenfutter, verschiedenen Getreidesorten (Weizen, Dinkel, Gerste, Roggen, Hafer, Buchweizen), unbehandelten Grassamen und getrockneten Kräutern wie etwa Brennnessel, Pfefferminze, Gänseblümchen oder Wegerich. Diese kann durch verschiedene Hirsesorten, Mungobohnen, Bocks-

Kleinsämereien und Getreide bilden die Basis des Zwerghamsterfutters

hornkleesamen, Dari, aber auch wenige ölhaltige Samen wie Hanf- und Leinsaat ergänzt werden. Immer vorhanden sein sollte Heu, da es nicht nur gefressen wird, sondern auch als Nistmaterial dient.

Tierische Nahrung ist für Campbell-Zwerghamster ebenfalls sehr wichtig. Die ausreichende Proteinversorgung kann durch Insekten gesichert werden, die im gefriergetrockneten Zustand dem Trockenfutter beigemischt werden. Ebenso gerne werden lebende Insekten wie Heuschrecken, Heimchen, Grillen und Mehlwürmer angenommen. Campbell-Zwerghamster sind trotz ihres etwas behäbig wirkenden Äußeren sehr geschickte Jäger. Lebende Futtertiere

Mehlwürmer und Grillen sollten in keiner Futtermischung fehlen

Der Praxistipp
Trockenfutter-Grundmischung:
4 Teile Großsittich- oder Agapornidenfutter
1 Teil Getreide
1 Teil Grassamen
1 Teil getrocknete Kräuter
1 Teil getrocknete Insekten (sofern diese nicht lebend zugefüttert werden)

Selbstgemischtes Trockenfutter mit Kräutern und Insekten

sollten nicht direkt nach dem Kauf verfüttert, sondern erst selbst mit frischem Gemüse gefüttert werden. Statt der Insekten können auch gekochtes Eiweiß, salzarmes Katzentrockenfutter oder Hundekuchen verwendet werden. Auch hier ist darauf zu achten, dass der Zuckeranteil des Futters so niedrig wie möglich ist. Mit getrocknetem Fleisch und getrockneten Sprotten wurden teilweise ebenfalls gute Erfahrungen gemacht.

Von der oben genannten Mischung genügt jedem Zwerghamster pro Tag etwa ein halber Esslöffel (ca. 5 g) Trockenfutter, tragende und säugende Weibchen sollten etwa die doppelte Menge bekommen. Das Futter kann in einem Napf angeboten oder zur längeren Beschäftigung der Tiere auf dem Bodengrund verstreut werden.

Frischfutter

Auch wenn man Campbell-Zwerghamstern wegen der enthaltenen Fructose kein Obst und keine zuckerreichen Gemüsesorten (Paprika, Rote Beete, Möhren) verfüttern sollte, ist die Bandbreite der geeigneten Frischfuttersorten doch relativ groß. Am besten eignet sich Wurzelgemüse mit wenig Zuckeranteil wie Schwarzwurzel, Petersilienwurzel, Sellerie, aber auch Salatgurke, Zucchini, Brokkoli, Sojasprossen und Fenchel. Mindestens genauso beliebt wie Gemüse sind Salat, Gräser und Kräuter als Frischfutter. Diverse Salatsorten wie Kopfsalat, Endivie, Eisbergsalat oder Feldsalat können gefüttert werden, jedoch vertragen Jungtiere davon nur kleine Mengen.

Frische Gräser und Kräuter (Gänseblümchen, Löwenzahn, Petersilie, Basilikum) können selbst gesammelt oder in Bioqualität gekauft werden. Möchte man das Futter sammeln, sollte dies an Stellen fernab von Autoabgasen und gespritzten Feldern geschehen. Besonders in der Stadt sind einige Wiesen, die häufig von Hunden frequentiert werden, durch deren Ausscheidungen belastet und zu vermeiden. Es empfehlen sich also abgeschiedene Wiesen, die keinen Beeinträchtigungen ausgesetzt sind.

Die Liste der möglichen Futterpflanzen ist sehr lang. So gibt es allein Dutzende heimische Gräser, die sich zur Verfütterung an Hamster

Besonders Jungtiere, trächtige und säugende Weibchen brauchen tierisches Eiweiß

eignen. Nicht mit Giftpflanzen zu verwechseln und relativ häufig anzutreffen sind zum Beispiel Breitwegerich (*Plantago major*), Spitzwegerich (*Plantago lanceolata*), Gänseblümchen (*Bellis perennis*), Kamille (*Matricaria chamomilla*), Wiesen-Lieschgras (*Phleum pratense*), Hirtentäschel (*Capsella bursa-pastoris*), Luzerne (*Medicago sativa*) und Melisse (*Melissa officinalis*). Der allseits beliebte Löwenzahn (*Taraxacum* sect. *Ruderalia*) enthält dagegen relativ viel Zucker. Auch Blätter und Rinde von Hasel-, Apfel- oder Weidenzweigen werden gerne gefressen. Wer sich beim Sammeln unsicher ist, sollte ein Bestimmungsbuch oder einschlägige Internetseiten, wie die Webseite der schweizerischen Giftpflanzen-Datenbank (www.giftpflanzen.ch), zurate ziehen.

Ansonsten bieten Zoogeschäfte sogenanntes Katzengras zum Selbstziehen oder schon gewachsene Futterpflanzen im Topf an. Genauso können auch Samen aus der Futtermischung zum Keimen gebracht und dann als Keimlinge oder ganze Pflanzen verfüttert werden. Um die Ernährung der Zwerghamster so reichhaltig und abwechslungsreich wie möglich zu halten und die Tiere mit allen wichtigen Vitaminen zu versor-

Der Praxistipp
Frischfutter wie Gemüse, Salat, Kräuter und Laub sollte vor dem Verfüttern immer gewaschen und dann abgetrocknet werden.

gen, sollte Frischfutter täglich angeboten und möglichst variiert werden. Lässt sich die regelmäßige Gabe von Frischfutter zeitweise nicht realisieren, empfehlen sich Vitaminpräparate aus dem Zoofachhandel.

Wasser

Der Organismus der Campbell-Zwerghamster ist an ein Leben in Trockengebieten angepasst, sodass die Tiere nur wenig Wasser umsetzen. Sie sind in der Lage, allein von der Flüssigkeit, die sie aus ihren Futterpflanzen ziehen, zu überleben, und bei einer Fütterung mit viel frischem Gemüse ist eine Haltung ohne das zusätzliche Angebot von Wasser durchaus möglich. Dennoch können die Tiere bei trockener Heizungsluft oder Sommerhitze, aber auch bedingt durch die Strapazen von Krankheit, Alter, Trächtigkeit und Aufzucht dehydrieren. Deshalb ist es ratsam, Zwerghamstern grundsätzlich eine Wasserquelle unabhängig vom Frischfutter zugänglich zu machen. Dies geschieht entweder über eine Kleintiertränke mit Kugelventil, die am Käfiggitter oder an einer Scheibe befestigt werden kann. Mittlerweile gibt es auch spezielle Ständer, in die Tränkflaschen eingesetzt werden können. Das Ventil darf nicht blockieren, und die Flasche sollte gerade so hoch hängen, dass sie von allen Tieren problemlos erreichbar ist. Flache Keramik- oder Glasnäpfe sind ebenfalls geeignet. Diese sollten etwas erhöht auf einem festen Untergrund stehen, damit sie nicht durch die Wühlaktivitäten der Campbell-Zwerghamster zugeschüttet oder untergraben werden können. Gerade bei Jungtieren ist darauf zu achten, dass sie nicht in die Schale fallen und womöglich ertrinken können. Das Trinkwasser sollte immer frisch sein und bestenfalls täglich erneuert werden.

Wasser kann in einer Kleintiertränke angeboten werden

Ein Staubbad sollte immer zur Verfügung stehen

Gesunderhaltung

Eines der höchsten Ziele der Haltung von Campbell-Zwerghamstern sollte natürlich das körperliche und psychische Wohlergehen aller Tiere sein. Da gesundheitliche Probleme bei kleinen Nagetieren oft nur schwer erkannt werden und ernsthafte Erkrankungen in nur wenigen Tagen zur absoluten Schwächung und/oder dem Tod des Tieres führen, sollte neben der täglichen Fütterung und Pflege auch immer eine augenscheinliche Gesundheitskontrolle durchgeführt werden.

Woran erkenne ich einen gesunden Zwerghamster?

Die Augen sollten stets klar und glänzend sein sowie einen wachen Eindruck machen; die Augenumgebung ist trocken, die Lider sind geöffnet und frei von Krusten. Ohren, Nase, Mund und Anogenitalbereich sind bei gesunden Tieren trocken und sauber, der Hamster gibt keine schnatternden, pfeifenden oder sonstigen hörbaren Atemgeräusche von sich. Das Fell sollte immer glatt und glänzend sein, Unregelmäßigkeiten wie nasse oder kahle Stellen, struppiges, schütteres oder stumpfes Fell könnten Anzeichen für Krankheiten, Mangelerscheinungen, Verletzungen oder Parasitenbefall sein. Aufschluss über den Gesundheitszustand gibt auch das Verhalten. Kommt der Zwerghamster

Ein Jungtier traut sich aus seiner Deckung heraus

wie gewohnt zur Fütterungszeit aus dem Nest, frisst, trinkt und bewegt sich ohne Auffälligkeiten, ist meist alles in Ordnung.

Hin und wieder sollte auch genauer hingesehen werden. Beim Halten auf der Hand kann mit den Fingerspitzen über die einzelnen Körperpartien gestrichen und auf Besonderheiten hin abgetastet werden. Kleine Geschwüre, Abszesse, Entzündungen, verstopfte Backentaschen usw. lassen sich bei regelmäßigem Gesundheitscheck leicht feststellen. Die Bauchdrüse kann sich insbesondere bei Männchen hin und wieder erregungsbedingt vergrößern, schwillt jedoch normalerweise innerhalb weniger Tage wieder ab.

Besonderes Augenmerk gilt den Krallen und dem Gebiss. Während die Zehenkrallen der Hinterpfoten relativ kurz bleiben und selten zu lang wachsen, kommt dies bei den Fingerkrallen der Vorderpfoten häufiger vor. Sie sollten spitz zulaufen und leicht nach unten gebogen sein. Trotz ausreichender Bewegung und Abriebflächen im Terrarium kann es vorkommen, dass die Krallen zu lang wachsen und dann, nötigenfalls durch den Tierarzt, gekürzt werden müssen.

Campbell-Zwerghamster haben wie alle Nagetiere im Ober- und Unterkiefer je zwei Nagezähne, die alle vorhanden und nicht schief gewachsen sein sollten. Mit etwas Übung lässt sich dies ganz leicht durch Zurückziehen der Oberlippen überprüfen (Näheres zum Festhalten des Hamsters findet sich im Abschnitt „Zähmung“).

Besonders bei älteren Zwerghamstern kann es vorkommen, dass Nagezähne abbrechen oder schief wachsen. Dies hat oft zur Folge, dass es dem Tier nicht mehr möglich ist, normal zu fressen. Deshalb sollte bei abgemagerten Tieren zuerst das Gebiss kontrolliert werden, um andere Ursachen auszuschließen. Schief oder zu lang gewachsene Zähne müssen dann durch den Tierarzt gekürzt werden. Da die Zähne der Nagetiere sich im Normalfall aneinander abreiben und deshalb ein Leben lang wachsen, muss das Kürzen der Zähne bei dauerhaften Problemen regelmäßig geschehen. Zudem ist oft eine Ernährung mit einem Brei aus pulverisiertem Aufbaufutter nötig.

Der Praxistipp
Ein wöchentliches Wiegen und das schriftliche Festhalten des Gewichts helfen, den Gesundheitszustand der Campbell-Zwerghamster adäquat zu überwachen und Veränderungen schnell zu bemerken.

Zeigt ein Zwerghamster Anzeichen von Krankheit, sollte umgehend der Tierarzt um Rat gefragt werden.

Die oben schon mehrfach erwähnte Zuckerkrankheit (Diabetes mellitus) ist das am weitesten verbreitete Problem bei Campbell-Zwerghamstern. Diese Erkrankung ist nicht heilbar und kann in ihrem Verlauf zum leidvollen Tod des Patienten führen. Die Tiere sind zwar grundsätzlich gefährdet, Diabetes auszubilden, doch kann der Krankheitsverlauf durch falsche Fütterung begünstigt werden. Wichtige Erkennungsmerkmale sind hyperaktive Bewegungen wie etwa häufiges Kratzen, extreme Gewichtszunahme oder auch -abnahme, häufiges Trinken und das Absetzen von sehr viel Urin; teilweise riecht dieser auch süßlich. Eine Erkrankung lässt sich leicht schon im frühen Stadium mithilfe einfacher Glucose-Teststreifen aus der Apotheke für die Urinuntersuchung bei Menschen erkennen. Das Tier wird dazu in eine saubere Transportkiste gesetzt, bis es Urin absetzt. In diesen wird dann ein Teststreifen getaucht und das Ergebnis an der mitgelieferten Skala abgelesen. Ebenso können das Gewicht der Tiere sowie nasse Stellen im Käfig fernab der Tränke Anhaltspunkte für eine Diabetes-Erkrankung liefern. Da Zwerghamster nicht mit Insulin behandelt werden können, gilt es, ein Ausbrechen und die zuchtmäßige Verbreitung der Krankheit möglichst zu vermeiden. Campbell-Zwerghamster sollten grundsätzlich auf der im Kapitel „Ernährung“ beschriebenen Diät gehalten werden, und Tiere mit positivem Testergebnis oder belasteten Vorfahren sollten aus der Zucht genommen werden.

Raue Steine fördern das Abnutzen der Krallen

Hin und wieder leiden Zwerghamster an Durchfall. Dies kann durch die Fütterung bedingt sein oder auf eine Unterkühlung hin-

Schlafhäuser sollten nicht zu groß und nicht zu klein sein

weisen. Stellt sich nach Überführung an einen wärmeren Ort sowie der Gabe von reichlich Flüssigkeit und leicht verdaulicher Nahrung keine Besserung ein, könnten eine Infektion oder ein Endoparasitenbefall vorliegen, welche vom Tierarzt festgestellt und behandelt werden können.

Augenprobleme werden ebenfalls häufig beschrieben. Während es für erblich bedingt verkümmerte Augen (Microphthalmus) oder Grünen Star (Glaukom) keine Behandlung gibt, wird bei stark vergrößerten Augen im schlechtesten Fall eine Operation nötig.

Im Hochsommer bei Rauminnentemperaturen von mehr als 27 °C kann es, auch wenn das Terrarium nicht direkter Sonneneinstrahlung ausgesetzt ist, bei Campbell-Zwerghamstern zu Überhitzung oder einem lebensbedrohlichen Hitzschlag kommen. Tiere, die regungslos im Terrarium liegen, flach atmen und kaum reagieren, sollten unbedingt an einen kühleren Ort gebracht und zum Trinken animiert werden, nötigenfalls ist auch hier ein Tierarztbesuch unumgänglich.

Bei Fellverlust, veränderter Haut, häufigem Kratzen und körperlicher Schwächung könnte ein Befall mit Ektoparasiten (Außenparasiten) vorliegen, welche oft über andere Haustiere, Streu oder Heu eingeschleppt werden. Mittlerweile gibt es zur Behandlung von Parasiten- und Pilzbefall viele für Kleintiere geeignete Medikamente. Hörbares Niesen oder gar Röcheln kann auf eine Infektion der Atemwege hinweisen und sollte von einem Tierarzt begutachtet werden, ebenso jegliche Verletzungen, Abszesse im Kieferbereich, anomale Backentaschen, Geschwüre oder Tumoren.

Zwar ist ein Tierarztbesuch für Zwerghamster immer aufreibend, doch ist es gerade bei kleinen Nagetieren besser, einmal zu früh einen Experten aufzusuchen als einmal zu spät. Der behutsame Transport mit

Tunnel und Röhren ahmen das Bausystem der Campbell-Zwerghamster nach

einem Gruppengenossen in einer abgedunkelten Transportbox minimiert den Stress, und die professionelle Behandlung bei einem spezialisierten Tierarzt kann Leben retten.

Beschäftigung

Die psychische und physische Gesundheit von Campbell-Zwerghamstern wird nicht nur durch ein großes Hamsterheim, ausgewogene Ernährung und die nötige Hygiene hergestellt, sondern auch durch eine ausreichende Beschäftigung. Langeweile kann zu psychischen Störungen und auch körperlichen Schäden führen und sollte dringend vermieden werden. Verhaltensstörungen zeigen sich oft durch unentwegtes Hin- und Herrennen auf immer der gleichen Strecke innerhalb des Terrariums, andauerndes Scharren in den Ecken, aber auch Lethargie. Ob es sich beim wiederholten Vollführen von Rückwärtssaltos und dem ständigen Aufrichten und auf den Rücken fallen, was besonders bei Hybriden aus Campbell-Zwerghamstern und Dsungarischen Zwerghamstern beobachtet werden kann, um angeborene neurologische Störungen oder erworbene Stereotypien handelt, ist bislang nicht geklärt. In jedem Fall kann durch ausreichend Beschäftigung und Abwechslung Abhilfe für die Tiere geschaffen werden.

Die Grundlage für einen abwechslungsreichen Alltag ist die Variation des Käfigs. Veränderungen bedeuten für die neugierigen Zwerghamster bei Weitem nicht so viel Stress, wie allgemein befürchtet, und sofern die Tiere nicht mit einer komplett neuen Umgebung konfrontiert sind, bekommt ihnen regelmäßige Abwechslung gut. Teile der Einrichtung können ab und an umgeräumt oder ausgetauscht werden, ebenso können immer wieder neue Papprollen und Eierkartons zum Verste-

Verschiedene Bodensubstrate bieten Abwechslung und neue Verhaltensanreize

cken und Zernagen angeboten werden. Eine Wühlkiste, die mit Maisspindelgranulat, Strohpellets, Erde oder Sand gefüllt ist, regt ebenso zur Beschäftigung an. Mit etwas mehr Einsatz können Labyrinthe oder verzweigte Tunnelsysteme hergestellt werden. Auch ein kleiner Berg aus Heu oder Papierstreifen bietet neue Verhaltensanreize. Die Campbell-Zwerghamster legen Laufgänge und Nester in diesen Hügeln an oder tragen das Material in ihre bestehenden Verstecke ein. Da Zwerghamster viel Zeit mit dem Ausbessern des Nestes verbringen, sollte dementsprechend auch häufiger neues Nistmaterial angeboten werden. Dieses kann im Terrarium verteilt werden und wird von den Hamstern teilweise sogar in den Backentaschen transportiert.

Oft sieht man, dass Käfige und Terrarien zur maximalen Bequemlichkeit der Bewohner mit vielen unnötigen Treppen und Rampen ausgestattet sind, aber die Einrichtung des Hamsterheims muss bei körperlich gesunden Campbell-Zwerghamstern keinesfalls barrierefrei sein. Zwar sollte es immer eine längere freie Laufstrecke geben, und insbesondere bei Gruppenhaltung müssen spitze Winkel vermieden werden, damit kein Tier von einem Artgenossen in die Enge getrieben werden kann. Dennoch darf die Einrichtung gerne so aufgestellt werden, dass die Tiere klettern und sich ein wenig anstrengen müssen, um jeden Punkt ihres Territoriums zu erreichen.

Was die Fütterung angeht, vertragen die Campbell-Zwerghamster Variationen gut, da sie auch in der Natur durch den saisonalen Wechsel ihrer Futterpflanzen flexibel sein müssen. Die Futtermischung kann beispielsweise mal mehr Brennnesselblätter und mal mehr Selleriestängel enthalten, Buchweizen kann in einer Woche vorhanden sein und in der nächsten fehlen. Das Frischfutter kann im jahreszeitlichen Verlauf ebenso variieren. Mitunter kann Körnerfutter ausgesät und die gezogenen Pflänzchen dann mitsamt Blumentopf in das Terrarium gegeben werden. Einen ähnlichen Zweck erfüllt ein ausgestochenes Stück Rasen. Da Zwerghamster viel Zeit ihres Lebens mit der Futtersuche verbringen, sollte ihr Futter eher in der Streu verteilt werden, statt es im Napf anzubieten.

Im Zoofachhandel werden neben Kolbenhirse auch Dari-Kolben und Ähren von Flachs- und Leinpflanzen angeboten, die – in den Bodengrund gesteckt – die Tiere einige Zeit beschäftigen. Ebenso verhält es sich mit Gemüse, das schwer zugänglich im Käfig angebracht wird, sodass die Hamster klettern, springen oder sich zumindest strecken müssen. Wer einmal lebende Insekten gefüttert hat, kann insbesondere bei Grillen feststellen, dass in Campbell-Zwerghamstern kleine Jäger stecken, die sich gutes Futter gerne erarbeiten.

Baumwurzeln sind beliebte Aussichtsplätze

Kontrollierter Freilauf ist für Mensch und Tier spannend

Freilauf

Damit Zwerghamster ab und an auch neues Gebiet erkunden können, darf ihnen unter bestimmten Voraussetzungen auch kontrollierter Freilauf in einem Zimmer gewährt werden. Wichtig ist dabei, dass das Zimmer keine Gefahrenquellen für die Tiere birgt. Angenagte Stromkabel können ebenso lebensbedrohlich sein wie eine unachtsam geöffnete Tür oder der Sturz vom Sofa. Außerdem können sich Hamster durch kleinste Ritzen quetschen und so eventuell unerreichbar unter einem Schrank verschwinden. Nicht selten kommt es vor, dass Möbel umgeräumt werden müssen, um einen verschwundenen Hamster wiederzufinden.

Statt die Zwerghamster im ganzen Zimmer laufen zu lassen, kann ein kleines Freilaufgehege auf einer abwaschbaren Unterlage aufgestellt und mit Höhlen und Klettermöglichkeiten ausgestattet werden, das die Tiere für etwa eine halbe Stunde erkunden können. So sind Abwechslung und Sicherheit gewährleistet.

Zähmung

Campbell-Zwerghamster sind als kleine Nagetiere in der Natur einem hohen Feinddruck ausgesetzt und verhalten sich dementsprechend oft ängstlich gegenüber schnellen Bewegungen oder plötzlich von oben zugreifenden Händen. Dennoch sind sie sehr neugierig und selbst ausgewachsen noch relativ leicht zu zähmen, sofern sie nicht schon komplett handzahm erworben werden. Bei ängstlichen oder bissigen Tieren sind hierbei vor allem Ruhe und Geduld wichtig.

Wussten Sie schon?
Campbell-Zwerghamster erlernen über die Belohnung mit Futter Schritt für Schritt kleine Tricks wie das Ablaufen eines Hindernis-Parcours oder „Männchen machen".

Am ersten Tag nach der Ankunft im neuen Heim sollten alle Zwerghamster grundsätzlich in Ruhe gelassen werden, für die Zähmung ist noch genug Zeit. Wird nun täglich zur gleichen Zeit gefüttert, kommen Campbell-Zwerghamster meist pünktlich zur Essenszeit aus ihren Verstecken. Vor der eigentlichen Fütterung können sie nun mit besonders schmackhaften Stücken direkt aus der Hand gefüttert werden. Mit langsamer Steigerung können die Tiere nun währenddessen leicht mit dem Finger berührt oder bald auf die Hand gelockt werden. Hat der Zwerghamster sich erst einmal fressend auf der Hand niedergelassen, ist die positive Verknüpfung von Mensch und Futter geglückt, und der Rest der Zähmung ist ein Kinderspiel.

Zahme Campbell-Zwerghamster können auf die Hand genommen werden, indem man die Hand behutsam von der Seite unter den Körper des Hamsters schiebt. Das Tier kann dann in der hohlen Hand getragen und mit der zweiten Hand abgedeckt werden. Scheue Tiere können in eine Papprolle gelockt und darin transportiert werden. Da Campbell-Zwerghamster Höhen nicht einschätzen können, müssen sie während des Tragens vor einem Sturz geschützt werden. Beim Fixieren wird die bewegliche Nackenhaut mit Daumen und dem unteren Glied des Zeigefingers festgehalten, während Ringfinger und Mittelfinger auf der Brust liegen und das Tier mit Rücken und Hinterteil auf der Handinnenfläche abgestützt wird.

Campbell-Zwerghamster sind leicht zu zähmen

Männchen sammelt Nistmaterial für den bevorstehenden Wurf

Zucht

In der privaten Kleintierzucht haben Campbell-Zwerghamster in den letzten Jahren einen echten Aufschwung erlebt. Nicht zuletzt, weil sie in vielen Zoofachgeschäften fehlen, werden sie meistens von privat gekauft. Allerdings fehlt oft das Verständnis dafür, was eine planvolle Zucht von der reinen Vermehrung unterscheidet. Zucht verfolgt jenseits der Zufälligkeit der Paarung ein bestimmtes Zuchtziel, und alle Handlungen und Maßnahmen in der Praxis sind auf dieses Ziel ausgerichtet.

Wünscht man sich gesunde, sozialverträgliche und handzahme Campbell-Zwerghamster mit kräftigem Körperbau, ausgezeichnetem Fell und schönen Farben, müssen alle Individuen mit unerwünschten Anlagen aus der Zucht ausgeschlossen werden. Jedes Tier, das zur Zucht verwendet werden könnte, muss streng beurteilt werden, ob es sich zur Verbesserung der nächsten Generation und somit zur Annäherung an das Zuchtziel eignet. Es ist dringend ratsam, über jeden Zuchthamster, aber auch jede Verpaarung und jeden Wurf genau Buch zu führen, um Tiere nicht nur aufgrund ihrer Erscheinung, sondern auch ihrer Entwicklung und Abstammung vergleichen zu können.

Voraussetzungen zur Zucht

Die Zucht von Campbell-Zwerghamstern ist ein sehr spannendes, jedoch auch verantwortungsvolles und anstrengendes Hobby. Trägt man sich mit dem Gedanken, Zwerghamster zu züchten, sind einige Vorüberlegungen zu treffen. Während ein einzelnes Terrarium in so gut wie jeder Wohnung Platz findet, bedarf selbst eine Zucht im kleinen Rahmen einer Zuchtanlage, die gut fünf bis zehn Käfige umfasst. Während es meist noch einfach ist, für eine kleine Hamstergruppe eine Urlaubspflege zu finden, wird das bei einer ganzen Zuchtpopulation eher schwierig.

Neben dem vielfachen zeitlichen und finanziellen Einsatz, den die Haltung einer größeren Anzahl von Tieren bedeutet, muss auch die aufwändige Zuchtpraxis bedacht werden. Fremde Hamsterpartner müssen miteinander vergesellschaftet und Interessenten für Jungtiere beraten werden. Immerhin hilft die regelmäßige Buchführung, Decktermine einzuhalten und die Jungtiere am richtigen Tag voneinander zu trennen. Neben der umfassenden Lektüre der erhältlichen Fachliteratur zu Campbell-Zwerghamstern und Beiträgen von Züchtern ist es ratsam, sich zumindest mit den Grundlagen der Genetik und Tierzucht auseinanderzusetzen und sich über Erbkrankheiten allgemein sowie Risikoverpaarungen bei bestimmten Mutationen im Speziellen zu informieren.

Für die Zucht sollten nur gesunde Zwerghamster mit friedfertigem Wesen und den insgesamt besten Eigenschaften verwendet werden. Die ersten Zuchttiere erhält man von anderen Züchtern, die neben den genannten Punkten auch auf die Artreinheit ihres Bestandes achten und auf Nachfrage einen Stammbaum aushändigen können.

Zweifarbige Tiere mit Weiß kommen durch verschiedene Mutationen zustande

Zu verpaarende Tiere sollten sich schon längere Zeit im Bestand befinden, grundsätzlich gesund sein und keine Auffälligkeiten zeigen. Es empfiehlt sich, vor jeder Verpaarung einen Diabetestest und nötigenfalls auch eine Gewichtskontrolle durchzuführen. Zuchthamster sollten immer diabetesnegativ sein und deutlich mehr als 30 g wiegen.

Paarungsverhalten

Während männliche Campbell-Zwerghamster durchgehend paarungsbereit sind, haben die meisten Weibchen ihren Östrus (Brunst) alle vier Tage und zeigen auch nur dann Interesse an einer Paarung, während sie sich sonst mit zugekniffenen Augen und Schlagen mit den Vorderpfoten gegen Annäherungsversuche wehren. Die Tiere sind zwar teilweise schon im Alter von vier Wochen fortpflanzungsfähig, das ideale Zuchtalter liegt aber zwischen dem vierten und neunten Lebensmonat, da die Zwerghamster dann körperlich voll ausgereift sind und auch genetische Dispositionen bis dahin sichtbar werden.

Die Paarung findet meistens in den Abendstunden statt, umfasst durchschnittlich sechs Serien von Kopulationen und dauert vier bis sechs Stunden. Das Männchen verfolgt das zunächst eher desinteressiert umherlaufende Weibchen und beriecht dessen Gesicht und Hinterteil. Bleibt das Weibchen stehen und drückt seinen Körper flach auf

Paarungen folgen in mehreren Serien von durchschnittlich sechs Begattungen

den Boden, wird es vom Männchen umgehend bestiegen und mit den Vorderpfoten festgehalten. Die nun folgende Kopulation dauert nur wenige Sekunden und wird in kurzer Folge mehrmals wiederholt. Dazwischen ist zu beobachten, dass jeder Partner sich putzt. Nach einigen Paarungen legen die Tiere eine längere Ruhepause ein, um dann wieder mit der Verfolgung und einer Serie von Kopulationen zu beginnen. Es kann vorkommen, dass sich Campbell-Zwerghamster im Winter und während des Hochsommers nicht paaren. Werden sie jedoch bei Zimmertemperatur und einem Tag-Nacht-Rhythmus von 16 Licht- und acht Dunkelstunden gehalten, ist die Fruchtbarkeit das ganze Jahr über konstant, sodass der Züchter unabhängig von der Jahreszeit über eine Paarung entscheiden kann. Jedoch sollte dies nicht dazu veranlassen, Weibchen durchgehend werfen zu lassen. Nach einem oder zwei Würfen sollte ihnen zumindest eine Pause gegönnt werden.

Neugeborene Jungtiere wiegen nur 1,5 g

Trächtigkeit und Geburt

Über die Trächtigkeitsdauer gibt es relativ unterschiedliche Angaben, üblicherweise werden Jungtiere nach einer Tragzeit von 18–22 Tagen geboren (Ross 1995). Die Wurfgröße kann zwischen einem und neun Jungen variieren, in der Heimtierhaltung kommen meist vier bis acht Jungtiere zur Welt. Bereits eine Woche nach der Befruchtung beginnen Weibchen und Männchen mit dem Bau eines Wurfnests, das bevorzugt unter Korkrinden, in flachen Unterschlüpfen oder einer dunklen Käfigecke angelegt wird. Das Nest ist rund und hat seinen tiefsten Punkt, der von einem ringförmigen Wall umgeben ist, in der Mitte. Während die außen gelegenen Nistmaterialien kaum bearbeitet sind, besteht der Innenteil des Nests aus weichen Polstern, die nötigenfalls auch mit den Zähnen zerschlissen werden.

Etwa in der zweiten Woche ist es möglich, das Anschwellen der hintersten Zitzen des Weibchens und einen Schwangerschaftsbauch zu erkennen. Spätestens in

Der Praxistipp
Männliche Campbell-Zwerghamster sind fürsorgliche Väter, die nicht nur Geburtshilfe leisten, sondern auch für Nestwärme sorgen, während das Weibchen auf Futtersuche ist. Soll es jedoch zu keiner neuerlichen Befruchtung des Weibchens sofort nach der Geburt kommen, sollte das Paar vorher getrennt werden. Wird das Weibchen kurz nach der Paarung wieder in seine vertraute Weibchengruppe vergesellschaftet, beteiligen sich die anderen Weibchen bei der Aufzucht der Jungen.

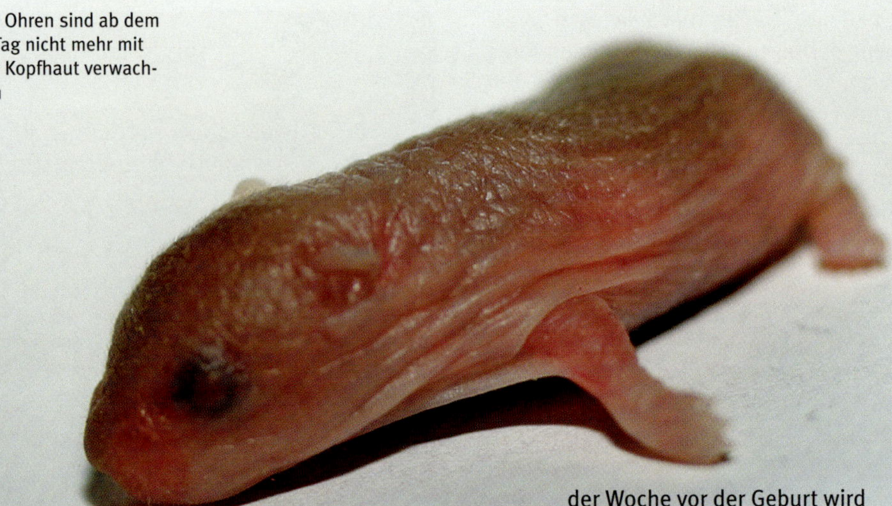
Die Ohren sind ab dem 3. Tag nicht mehr mit der Kopfhaut verwachsen

der Woche vor der Geburt wird das Männchen aus dem Nest vertrieben. Die Geburt findet meist nach Einbruch der Dunkelheit statt.

Entwicklung der Jungtiere

Neugeborene Campbell-Zwerghamster sind rund 1,5 g schwer, zunächst nackt, taub und blind. Nagezähne und Krallen sind bereits sichtbar, die Zehen noch miteinander verwachsen. Am dritten Tag trennen sich die Zehen langsam voneinander, ebenso separieren sich auch die bis dahin noch am Kopf angewachsenen Ohren allmählich. Beginnend am Kopf, treten die ersten Haarspitzen am vierten Tag aus der Haut. Am fünften Tag sind die Zehen vollständig voneinander getrennt, und die Jungtiere haben ihr Geburtsgewicht fast verfünffacht. Der gesamte Körper ist ab dem Alter von einer Woche behaart, und am neun-

Jungtiere am 8. Lebenstag

ten Tag ist zwischen den Augenlidern ein schmaler Spalt zu erkennen. Ab dem zehnten Tag beginnen die Jungen, sich für feste Nahrung zu interessieren, in die Backentaschen passt am elften Tag bereits ein Sonnenblumenkern.

Am 10. Lebenstag können sich junge Zwerghamster schon für feste Nahrung interessieren

Zwischen dem 12. und 14. Lebenstag verlassen die Tiere mit vollkommen geöffneten Augen zum ersten Mal das Nest, werden jedoch von beiden Eltern sofort wieder zurückgetragen. Sobald die Augen geöffnet sind, beginnt auch eine ausgedehnte Spielphase, in der die Jungen balgen und für das Erwachsensein wichtige Verhaltensweisen einüben. Mit 18 Tagen sind sie von der Muttermilch entwöhnt, sollten jedoch nach Geschlechtern getrennt noch mindestens bis zur fünften Lebenswoche bei den Eltern bleiben.

In den letzten Jahren sind in Zuchten von Campbell-Zwerghamstern viele Fell- und Farbmutationen aufgetreten, die zu einer großen Zahl an Varianten kombiniert werden können. Für einige Fell- und Farbschläge haben Kleintiervereine Zuchtstandards entwickelt, die als Grundlage für die Bewertung der Hamster auf Zuchtschauen dienen. Andere Farbschläge sind so neu oder selten, dass sie kaum jemand zu Gesicht bekommen hat und es auch keine Bezeichnung für sie gibt. Nachfolgend werden auf Grundlage des deutschen Standards für Campbell-Zwerghamster (DMRM 2011) die am häufigsten im deutschsprachigen Raum anzutreffenden Farbschläge aufgeführt.

Die Färbung des einzelnen Haares im Fell wird durch Intensität und Verteilung zweier körpereigener Farbstoffe, dem schwarzen Eumelanin und dem rotgelben Phäomelanin beeinflusst. Beim Rückenfell von Campbell-Zwerghamstern ist das einzelne Haar schwarzgrau mit hellbraunem Mittelteil sowie dunkelbraunen Spitzen, das Haar an der Körperunterseite ist schwarz mit weißen Spitzen. Diese Bänderung der Einzelhaare (Ticking) führt zu der bekannten Wildfärbung, auch Agouti genannt.

Die rezessive Non-Agouti-Mutation führt dazu, dass das Haar von der Wurzel bis zur Spitze gleich gefärbt ist. Ein Tier mit

Der Praxistipp
Normalerweise ist eine tägliche Nestkontrolle nicht notwendig. Muss dennoch einmal in das Nest gefasst werden, sollten die Hände ohne Seife gewaschen und mit etwas Einstreu aus dem Käfig eingerieben werden, damit an den Jungtieren kein fremder Geruch haften bleibt, der die Mutter beunruhigt.

Mit 18 Tagen sind Jungtiere entwöhnt

zwei Allelen für Non-Agouti (a/a) ist also einfarbig schwarz, dieser Farbschlag wird „Black“ genannt. Die Brown-Mutation (b/b) hingegen hellt das schwarze Eumelanin zu Braun auf, sodass der zimtfarbene und getickte Farbschlag „Black Eyed Argente“ entsteht. Die Kombination der beiden Mutationen für einfarbige Haare und Braunaufhellung (a/a b/b) führt also zu einem einfarbig braunen Tier mit dem Farbnamen „Chocolate“.

Über die reine Fellfärbung hinaus gibt es auch noch einige Zeichnungsmutationen, die Scheckungen oder Versilberungseffekte herbeiführen und mit sämtlichen Farbmutationen kombiniert werden können. Da die beiden dominanten „Mottled“-Scheckungen (Mi/mi und Mo/mo) kaum zu unterscheiden und Jungtiere mit zwei Mi-Allelen – bedingt durch Eigenschaften, die zusammen mit diesem Scheckungs-Gen vererbt werden – verkümmert und nicht lebensfähig sind, sollten gescheckte Campbell-Zwerghamster nicht miteinander verpaart werden. Die gleiche Problematik wird auch von Tieren mit dem dominanten Versilberungsfaktor „Platinum“ (Pl/pl) vermutet, jedoch geht aus gegenteiligen Berichten hervor, dass homozygote (reinerbige) Platinums (Pl/Pl) komplett weiß sein sollen.

Immer häufiger werden auch Tiere mit veränderter Fellstruktur angeboten. Während Campbell-Zwerghamster mit welligem Fell („Wavy“) noch sehr selten sind und solche mit gekräuselten Haaren („Rex“) bislang noch nicht auf das europäische Festland eingeführt wurden, ist die Fellstrukturvariante „Satin“ (Gencode sa/sa) mittlerweile relativ häufig. Der feucht-glänzende Eindruck, den das Fell dieser Tiere macht, kommt dadurch, dass das Einzelhaar innen hohl ist. Satinfell ist, genauso wie Rex und Wavy, meist sehr dünn, und die Tasthaare der Tiere sind oft verbogen, was beides mit Beeinträchtigungen für den Zwerghamster verbunden ist.

Überblick über die bekanntesten Farbvarianten

Agouti-Reihe

Die Farben dieser Varietät haben einen klar sichtbaren Aalstrich entlang der Wirbelsäule und an jeder Körperseite drei Bögen, die eine optische Grenze zwischen der Rückenfärbung und der Färbung der Körperunterseite bilden. Das einzelne Haar ist mehrfarbig. Die Unterfarbe reicht von der Wurzel über zwei Drittel der Haarlänge; die Deckfarbe im oberen Drittel kann zudem ein dunkles Tipping, also dunkler gefärbte Haarspitzen aufweisen.

Agouti (Wildfarbe)

Gencode: +/+
Rückenfärbung: graubraun (Unterfarbe schwarz, Deckfarbe hellbraun mit dunkelbraunem Tipping)
Bauchfärbung: weißlich grau (schwarzgrau mit weißen Spitzen)
Flankenbögen: gelb gefüllt
Aalstrich: schwarz
Ohren: graubraun
Augen: schwarz

Red Eyed Argente (p/p) ist eine alte und weit verbreitete Farbvariante

Silver Agouti
Gencode: dg/dg
Rückenfärbung: silbergrau (Unterfarbe schwarzgrau, Deckfarbe weiß)
Bauchfärbung: grauweiß (schwarzgrau mit weißen Spitzen)
Flankenbögen: grauweiß
Aalstrich: schwarz
Ohren: dunkelgrau
Augen: schwarz

Black Eyed Argente
Gencode: b/b
Rückenfärbung: zimtfarben (Unterfarbe mittelbraun, Deckfarbe hellgelb mit hellbraunem Tipping)
Bauchfärbung: grauweiß (dunkelbraun mit weißen Spitzen)
Flankenbögen: gelb gefüllt
Aalstrich: dunkelbraun
Ohren: hellbraun
Augen: schwarzbraun

Opal
Gencode: d/d
Rückenfärbung: blaugrau (Unterfarbe schiefergrau, Deckfarbe hellbraun mit blaugrauem Tipping)
Bauchfärbung: grauweiß (mittelgrau mit weißen Spitzen)
Flankenbögen: gelb gefüllt
Aalstrich: dunkelgrau
Ohren: dunkelgrau
Augen: schwarz

Opal (d/d) ist die Blauaufhellung der Wildfarbe

Red Eyed Argente
Gencode: p/p
Rückenfärbung: honiggelb (Unterfarbe rauchgrau, Deckfarbe hellbraun mit rotbraunem Tipping)
Bauchfärbung: cremeweiß (mittelgrau mit weißen Spitzen)
Flankenbögen: weiß
Aalstrich: rauchgrau
Ohren: hell fleischfarben
Augen: weinrot

Lilac Fawn
Gencode: b/b d/d
Rückenfärbung: karamellfarben mit blaugrauem Schimmer (Unterfarbe fliedergrau, Deckfarbe cremefarben mit gelbem Tipping)
Bauchfärbung: cremeweiß (blaugrau mit weißen Spitzen)
Flankenbögen: hellgelb gefüllt
Aalstrich: fliedergrau
Ohren: hellbraun
Augen: braun

Beige
Gencode: b/b p/p
Rückenfärbung: orangegelb (Unterfarbe dunkel cremefarben, Deckfarbe hellbraun)
Bauchfärbung: cremeweiß (cremefarben mit weißen Spitzen)
Flankenbögen: weiß
Aalstrich: dunkel cremefarben
Ohren: blass fleischfarben
Augen: rot

Beige (b/b p/p) ist die Kombination der Brown-Mutation mit der Rotaugenmutation

Blue Fawn
Gencode: d/d p/p
Rückenfärbung: hell gelbbraun mit Blauschimmer (Unterfarbe blaugrau, Deckfarbe gelbbraun)
Bauchfärbung: grauweiß (blaugrau mit weißen Spitzen)
Flankenbögen: gelb gefüllt
Aalstrich: blaugrau
Ohren: blass fleischfarben
Augen: rot

Blue Beige
Gencode: b/b d/d p/p
Rückenfärbung: silbergrau mit gelbem Schimmer (Unterfarbe fliedergrau, Deckfarbe blassbraun)
Bauchfärbung: weiß (hellgrau mit weißen Spitzen)
Flankenbögen: gelb gefüllt
Aalstrich: hell fliedergrau
Ohren: blass fleischfarben
Augen: rot

Cinnamon Sugar
Gencode: b/b dg/dg
Rückenfärbung: hellbraun mit Weiß (Unterfarbe dunkelbraun, Deckfarbe weiß)
Bauchfärbung: weiß (braun mit weißen Spitzen)
Flankenbögen: weiß
Aalstrich: dunkelbraun
Ohren: hellbraun
Augen: rotbraun

Blue Fawn (d/d p/p) ist eine relativ selten vorkommende Farbvariante

Non-Agouti-Reihe

Die Farben dieser Varietät sind oberseits und unterseits einfarbig und zeichnen sich durch eine durchgehende Färbung des Haares von der Wurzel bis zur Spitze aus. Dadurch sind auch keine Flankenbögen sichtbar, und der Aalstrich verschwindet bei einigen Farben ebenfalls.

Black

Gencode: a/a
Fellfarbe: schwarz
Ohren: schwarzgrau
Augen: schwarz

Black (a/a) ist einer der häufigsten Farbschläge

Chocolate
Gencode: a/a b/b
Fellfarbe: mittelbraun
Ohren: mittelbraun
Augen: schwarzbraun

Blue
Gencode: a/a d/d
Fellfarbe: blaugrau
Ohren: blaugrau
Augen: schwarz

Dove
Gencode: a/a p/p
Fellfarbe: mittelbraun mit rosafarbenem Schimmer
Ohren: blass fleischfarben
Augen: weinrot

Blue (a/a d/d) ist die Blauaufhellung der Non-Agouti-Variante

Junges Chocolate-Männchen (a/a b/b)

Black Eyed Lilac
Gencode: a/a b/b d/d
Fellfarbe: fliedergrau mit rosafarbenem Schimmer
Ohren: grau
Augen: schwarz

Red Eyed Lilac
Gencode: a/a d/d p/p
Fellfarbe: hell blaugrau
Ohren: blass fleischfarben
Augen: rot

Dark Beige
Gencode: a/a b/b p/p
Fellfarbe: hellgelbbraun
Ohren: blassfleischfarben
Augen: rot

Champagne
Gencode: a/a b/b d/d p/p
Fellfarbe: champagnerfarben
Ohren: blass fleischfarben
Augen: rot

White
Gencode: c/c
Fellfarbe: weiß
Ohren: blass fleischfarben
Augen: rot

Weitere Informationen

Zur Vertiefung der in diesem Buch gegebenen Informationen und zum weiteren Einblick in die Kleinsäuger-Themenbereiche empfehlen sich die Mitgliedschaft in einem Verein gleichgesinnter Tierfreunde sowie ein intensives Literaturstudium. Die folgenden Auflistungen sollen behilflich sein, einen Einstieg in die Thematik zu finden, können aber natürlich nur einen kleinen Ausschnitt aufzeigen.

Vereinigungen
Bundesarbeitsgruppe (BAG) Kleinsäuger e. V.
Blitzer Straße 11, D-04207 Leipzig
Internet: http://www.bag-kleinsaeuger.de
Herausgeber der „BAG Mitteilungen"

Bundesfachverband für fachgerechten Natur- und Artenschutz e. V. (BNA)
Ostendstraße 4, D-76707 Hambrücken
Internet: www.bna-ev.de

Tierärztliche Vereinigung für Tierschutz (TVT)
Braunschweiger Allee 5, D-49565 Bramsche
Internet: www.tierschutz-tvt.de

Deutsche Gesellschaft für Säugetierkunde
c/o Prof. Dr. Günther B. Hartl, Institut für Haustierkunde, Christian-Albrecht-Universität zu Kiel, Olshausenstraße 40–60, D-25113 Kiel
Internet: www.uni-kiel.de/ifh/dgs
Herausgeber der „Mammalian Biology"

Tierarztbesuche können in der Transportbox absolviert werden

Campbell-Zwerghamster sichern mehrmals täglich ihr Revier

Ämter
Bundesministerium für Verbraucherschutz, Ernährung und Landwirtschaft (BMVEL, früher BMELF)
Referat Tierschutz, Postfach 140270, D-53107 Bonn
Telefon: 0228-529-0 oder 01888-529-0, Fax: 0228-529-4262 oder 01888-529-4262
Internet: www.verbraucherministerium.de
Das BMVEL verschickt kostenlos das „Gutachten über Mindestanforderungen für die Haltung von Säugetieren" sowie das Tierschutzgesetz.

Zeitschriften
RODENTIA – Nager & Co. sowie ***RODENTIA – Exoten***
Populärwissenschaftliches Kleinsäuger-Fachmagazin für domestizierte Arten und Wildformen
Natur und Tier - Verlag, An der Kleimannbrücke 39/41, D-48157 Münster
Telefon: 0251-13339-0, Fax: 0251-13339-33
E-Mail: verlag@ms-verlag.de, Internet: www.ms-verlag.de

Internet
www.ratfrett.jimdo.com (Webseite des Verfassers)
www.rodent-info.net (Infoseite rund um Kleinsäuger)

Verwendete und weiterführende Literatur

DETILLION, C.E., T.K. CRAFT, E.R. GLASPER, B.J. PRENDERGAST & A.C. DEVRIES (2004): Social facilitation of wound healing. – Psychoneuroendocrinology 29(8): 1004–1011.

DEUTSCHER MÄUSE-RASSEZUCHTVEREIN MUROIDEA e. V. (DMRM) (2011): Farb- und Zeichnungsstandards für den Campbell-Zwerghamster. – Deutscher Standard für den Campbell-Zwerghamster.

EHRLICH, C. (2003): Kleinsäuger im Terrarium. – Natur und Tier - Verlag, Münster, 144 S.

FLINT, W.E. (1966): Zwerghamster der paläarktischen Fauna – A. Ziemsen Verlag, Wittenberg, 99 S.

HONIGS, S. (2010): Zwerghamster. – Natur und Tier - Verlag, Münster, 80 S.

LEHMANN, J. (1987): Edelpelztiere. – In: FRIEDEMANN, K., F. JOPPICH, W. KREBS, J. LEHMANN, H. NAWOI & G. SCHIRWITZ (Hrsg.): Kleintierhaltung. – VEB Deutscher Landwirtschaftsverlag, Berlin.

LOGSDAIL, C., P. LOGSDAIL & K. HOVERS (2002): Hamsterlopaedia – Ringpress Books, Surrey.

ROSS, P.D. (1995): *Phodopus campbelli*. – Mammalian Specie, Nr. 503: 1–7.

SAFRANOVA, L.L., V.M. MALYGIN, E.S. LEVENKOVA & V.N. ORLOV (1992): Cytogenetic results of hybridization of hamsters *Phodopus sungorus* and *Phodopus campbelli* [in Russisch]. – Doklady Akademii Nauk, Biological Science Section, 327 (2): 266–271.

SCHUMACHER, S. (2004–2007): Das Sozialverhalten. – In: Campbell-Zwerghamster *(Phodopus campbelli)*. – http://www.rodent-info.net/campbell_zwerghamster_allgemeines.htm#sozialverhalten (eingesehen am 01.06.2012)

SHAR, S. & D. LKHAGAVASUREN (2008): *Phodopus campbelli*. – In: IUCN (2011): IUCN Red List of Threatened Species. Version 2011.2.

SOKOLOW, V.E., N. VASILÈVA & E.P. ZINKEVICH (1990): Secretion from the midventral gland of the male Djungarian hamster *(Phodopus campbelli* THOMAS, 1905) contains a factor that regulates sexual maturation in offspring. – Doklady Akademii Nauk SSSR, Biological Science Section, 308: 570–573.

VANDERLIP, S.L. (2009): Dwarf Hamsters: Everything about Purchase, Care, Nutrition and Behavior. – Barron's Educational Series, New York.

WYNNE-EDWARDS, K.E., A.V. SUROV & A.Y. TELITZINA (1992): Field studies of chemical signaling: direct observation of dwarf hamsters in Soviet Asia. – Chemical signals in vertebrates VI: Plenum Press, New York: 485–491.

NTV